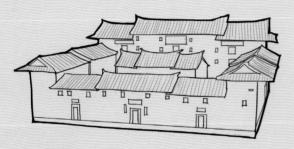

福裕楼

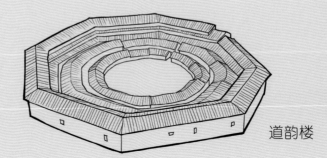

道韵楼

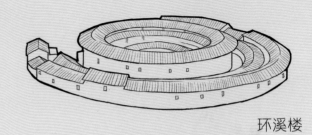

环溪楼

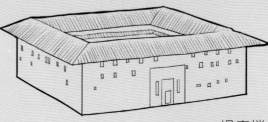

绳庆楼

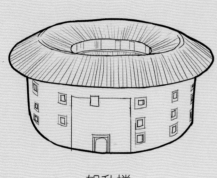

如升楼

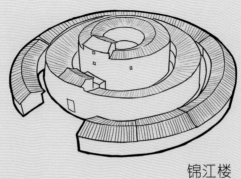

锦江楼

图书在版编目(CIP)数据

建土楼 / 张源峰著. —北京：北京科学技术出版社，2021.5（2023.8 重印）
ISBN 978-7-5714-1413-9

Ⅰ．①建⋯ Ⅱ．①张⋯ Ⅲ．①民居－介绍－福建 Ⅳ．①TU241.5

中国版本图书馆CIP数据核字（2021）第026137号

策划编辑：阎泽群		电　话：	0086-10-66135495（总编室）
责任编辑：张　芳			0086-10-66113227（发行部）
封面设计：沈学成		网　址：	www.bkydw.cn
图文制作：天露霖文化		印　刷：	北京捷迅佳彩印刷有限公司
责任印制：李　茗		开　本：	787 mm × 1092 mm　1/12
出 版 人：曾庆宇		字　数：	38 千字
出版发行：北京科学技术出版社		印　张：	3
社　　址：北京西直门南大街 16 号		版　次：	2021 年 5 月第 1 版
邮政编码：100035		印　次：	2023 年 8 月第 4 次印刷
ISBN 978-7-5714-1413-9			

定　　价：42.00 元

建土楼

张源峰　著

北京科学技术出版社

在古代，黄河流域的一些汉人为了躲避战乱，不断南迁。因为客居他乡，所以他们被称为客家人。为了抵御土匪，客家人根据当地的自然条件，修建了能供一个家族所有人居住的土楼。如今，土楼主要分布于福建的龙岩、漳州等地区。

提起土楼，你多半会想到一座圆形建筑。不过，你如果以为土楼只有圆形的，那就错了。最早的土楼是方形的，后来人们渐渐发现圆形的土楼有很多优点。

与方形建筑相比，圆形建筑所用材料更少，而空间更大。同时，圆形建筑可以避免方形建筑出现的四角暗、通风差等问题。圆形建筑里面的每一间房屋的居住条件相似，这样更有利于家族的团结。另外，圆形建筑没有容易受到攻击的地方，更有利于防御。

3

测平

挖基槽

　　修建土楼的地方不是随便选择的，而是讲究依山傍水。

　　建造圆形土楼时，要先确定大门位置、土楼中心、土楼半径和土楼高度。居住的人越多，土楼的半径就越大，墙就越高，墙体也就越厚。

　　在确定了这些之后，人们会用长绳子绕着土楼中心画圆，以确定基槽的位置。通常土楼越大，基槽挖得越深。大型土楼基槽的深度甚至超过 1 米。

挖好基槽之后，人们先把基槽底部夯实，再往基槽中填大小不一的石块，地下的这部分就叫作墙基。随后，人们还用石块继续向上砌，超出地面的部分就叫作墙脚。墙基可以防止地下水向上渗透，墙脚可以防止洪水或人为破坏土墙。一般来说，所建的土楼越高，墙脚就要砌得越高。二宜楼的墙脚甚至高达 2.5 米。

砌墙脚

建墙基和墙脚所用的石块要大小不一，并错落放置、彼此卡紧，防止被人从外面撬下。

墙脚砌好后，就可以开始一层一层地夯筑土楼的墙身了。

1. **和土。** 墙身的材料一般选用黏性黄土，土中还可掺入沙子、石灰等，使墙更加坚固。

2. **倒土。** 将和好的土倒入支好的墙枋（夯墙模板）中。

3. **夯筑。** 用舂杵用力夯墙枋中的土，将土夯实。之后，松开墙卡，向前移动墙枋，继续倒土夯筑。

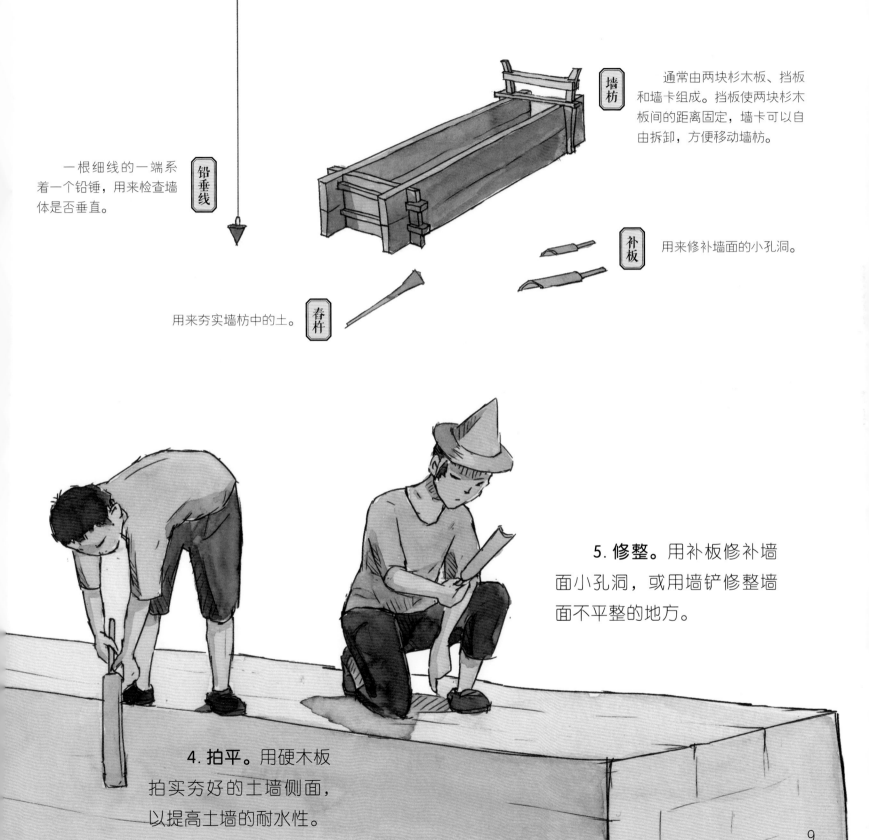

一根细线的一端系着一个铅锤，用来检查墙体是否垂直。

铅垂线

墙枋

通常由两块杉木板、挡板和墙卡组成。挡板使两块杉木板间的距离固定，墙卡可以自由拆卸，方便移动墙枋。

补板

用来修补墙面的小孔洞。

用来夯实墙枋中的土。

舂杵

5. 修整。 用补板修补墙面小孔洞，或用墙铲修整墙面不平整的地方。

4. 拍平。 用硬木板拍实夯好的土墙侧面，以提高土墙的耐水性。

9

为了减少雨水对土墙的影响，人们常常在雨季过后的下半年开始修建土楼。为了确保结构稳固，土墙从下到上会逐渐变薄。即使这样，有些土楼墙体上部最薄的部分也厚达 0.6 米，而下部最厚的部分甚至厚达 2.5 米。

一段墙体完成后，需要晾干，以变得更加坚实，这样才能在上面继续夯筑。对大型土楼来说，往往一年的时间只能夯筑一层楼的土墙，盖好整座土楼可能需要几年。

夯实一副墙枋中的土通常需要倒四五次土，每次倒土前还要在墙枋里放置一些细木条，以加固墙体。

虽然夯筑土墙很麻烦，但这厚厚的土墙可以在夏天阻挡热浪，在冬天隔绝寒风。在潮湿的季节，土墙能吸收空气中的水分，保持土楼内空气干燥；在干燥的季节，土墙又能自动释放水分，调节土楼内的湿度。

建好一层楼的土墙后，人们便在墙顶挖出一个个凹槽，用于放置木龙骨。木龙骨可不是龙的骨头，而是起支撑作用的木头。木龙骨的一端搭在土墙上，另一端则搭在横梁上，横梁又由立柱支撑。土楼的每一层都搭有很多根木龙骨，上面会铺木地板。

木龙骨

木地板

刚建好的土楼经过风吹日晒，会因失水而收缩变矮。所以，有经验的师傅会将木龙骨放在土墙上的那端略抬高几厘米。这样在土墙收缩后，木龙骨就能恰好和地面平行了。

13

梁

土墙完成之后，便可以开始安装屋顶的梁，随后架檩、钉椽、盖上瓦片，完成屋顶的搭建。人们还会用砖块压住瓦片，防止瓦片被风吹走。通常土楼外侧的屋檐会延伸出去很多，这样可以在下雨时保护土墙不被雨水冲坏。

椽子

檩

厨房　　　　　　　　　　祠堂　　　　　　　　　　卧室

16

土楼的主体结构完成后，人们还要对土楼进行装修。装修时，除了安装栏杆、门窗、炉灶这些居住必备设施，人们还会在梁柱、屋檐等地方装饰精美的石雕或木雕，在墙壁上绘制精美的壁画。

建成后的土楼坐落在青山绿水间，与大自然完美地融合在一起。

一座土楼中通常居住着同一个家族的人，左邻右舍都是自家亲戚，关系融洽。阳光明媚的时候，人们将收获的粮食放在竹匾中晾晒，天真无邪的孩子们在欢快地追逐嬉戏。人们享受着土楼内的幸福时光。

过年的时候，朴素的土楼也会变得花枝招展。人们会用火红的灯笼和喜庆的春联来装点它。传统的舞龙节目更是过年期间必不可少的娱乐活动。随着欢快的锣鼓声响起，一条长龙便开始飞舞起来，好像腾云驾雾一样。

虽然风格各异、大小不一，但是大多数土楼都是按照传统而建的，所以在外表上颇为相似。

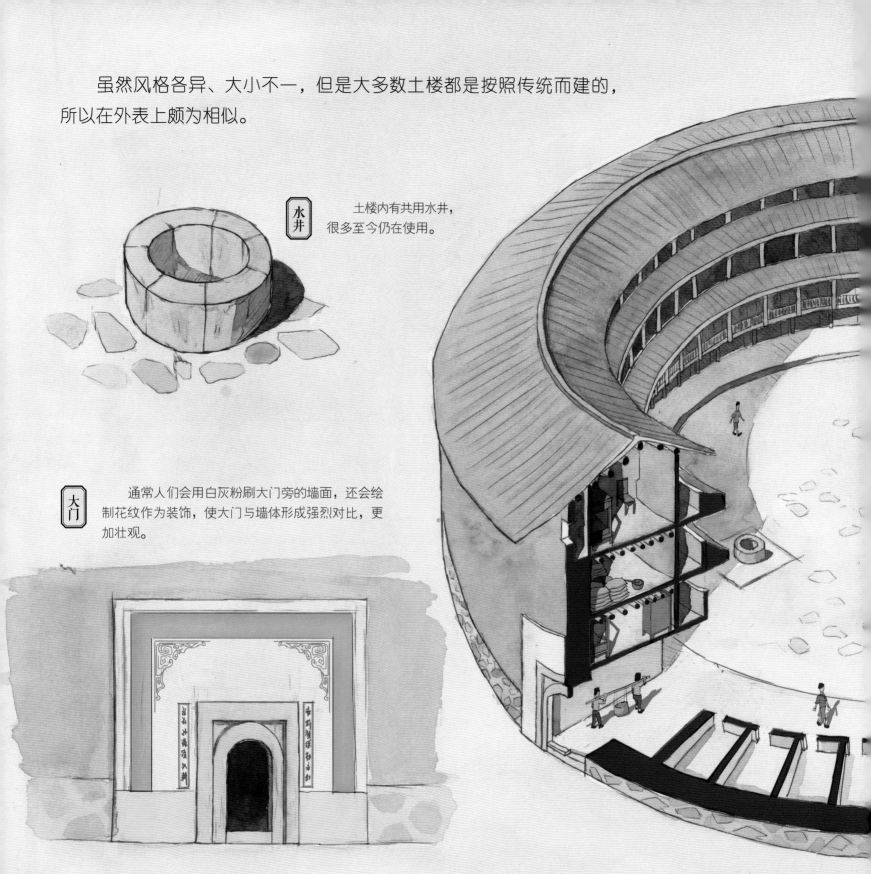

水井　土楼内有共用水井，很多至今仍在使用。

大门　通常人们会用白灰粉刷大门旁的墙面，还会绘制花纹作为装饰，使大门与墙体形成强烈对比，更加壮观。

通常土楼的一、二层没有窗户，仅在三楼开一扇细长的小窗。随着楼层增高，窗户也逐渐变大。这种设计可以让土楼更加安全。

对多层的圆形土楼来说，通常一楼用作厨房，二楼用作储藏粮食等物品的储藏室，三楼及以上楼层用作卧室。这种设计非常合理，因为在一楼做饭时会生火，储藏在二楼的粮食因此能保持干燥，不易生虫、变质。

　　土楼的设计不仅是为了让人们住得舒服，更是为了让人们住得安全。厚厚的土墙甚至可以抵挡大炮的攻击，石块垒筑的墙脚能防止敌人从外部破坏墙体，坚固的墙基可以防止敌人挖地道进入楼内，很多土楼三楼及以上的楼层才有窗，以免敌人破窗而入。

　　如果敌人想用火攻，也不用担心。土楼的大门通常是用耐火性极好的材料制作的，有的土楼大门上方还连接着放在二楼的水箱。如果敌人用火烧门，土楼里的人只要不断向水箱中注水，就可以灭火。

　　此外，土楼有充足的空间可以储存大量粮食、饲养家禽和家畜，水井中还有充足的水，所以土楼里的人们即使被围困很长时间，生活也不会受到影响。

有的土楼还设有瞭望台，方便人们观察远方的情况。

27

随着时代发展，有的土楼被拆掉，有的土楼损坏了。人们逐渐离开了土楼，住进了现代化住宅。

现在，越来越多的人重新发现了土楼的美。很多土楼被修复，恢复了原来的面貌。2008 年，福建土楼被列入世界文化遗产名录。如果你有机会到福建，一定要去看一看土楼！

客家人春节习俗

吃团圆饭

拜年

送灶君